科学探秘
培养儿童科学基础素养

了解火
发明大作战

温会会 / 文　曾平 / 绘

浙江摄影出版社
全国百佳图书出版单位

很久很久以前，遥远的天边住着一群小精灵。
会喷火的他们被人们称为喷火龙。

白天，喷火龙们会一起喷出火焰，用来烤食物吃。

到了夜晚，有的喷火龙会点起火
把，给房间照明。

有一只可爱的小喷火龙，他刚刚学会了喷火的本领。可是，不管他怎么用力，都只能喷出小小的火焰。

小喷火龙想要像大人一样，喷出熊熊烈火。
于是，他偷偷跑到山上，勤奋地练习喷火。
"噗呼……噗呼……"

回到家，小喷火龙虚心地向爸爸讨教。

"爸爸，怎样才能喷出大火？"

爸爸微笑着说："加点燃料，火会变大哦！"

瞧，爸爸把火喷在了干柴上，猛烈的大火出现了。

小喷火龙学着爸爸的样子，想往燃料上喷火。可惜，他喷出的火苗太短，没能碰到燃料。

小喷火龙又跑去请教爷爷。
"爷爷，怎样才能喷出大火？"
爷爷微笑着说："加点空气，火会变大哦！"
瞧，爷爷用力吸了一口气，喷出了猛烈的大火。

14

小喷火龙学着爷爷的样子，吸了一大口气。但是，他嘴巴小，吸进去的空气有限，还是只能喷出小小的火焰。

小喷火龙无奈地摇摇头，低着头回家了。

16

路过大伯家时，他发现大伯也在喷火。
滚烫的火焰被大伯喷到铁上，铁瞬间熔化了！
"哇，太厉害了！"小喷火龙拍着手说。

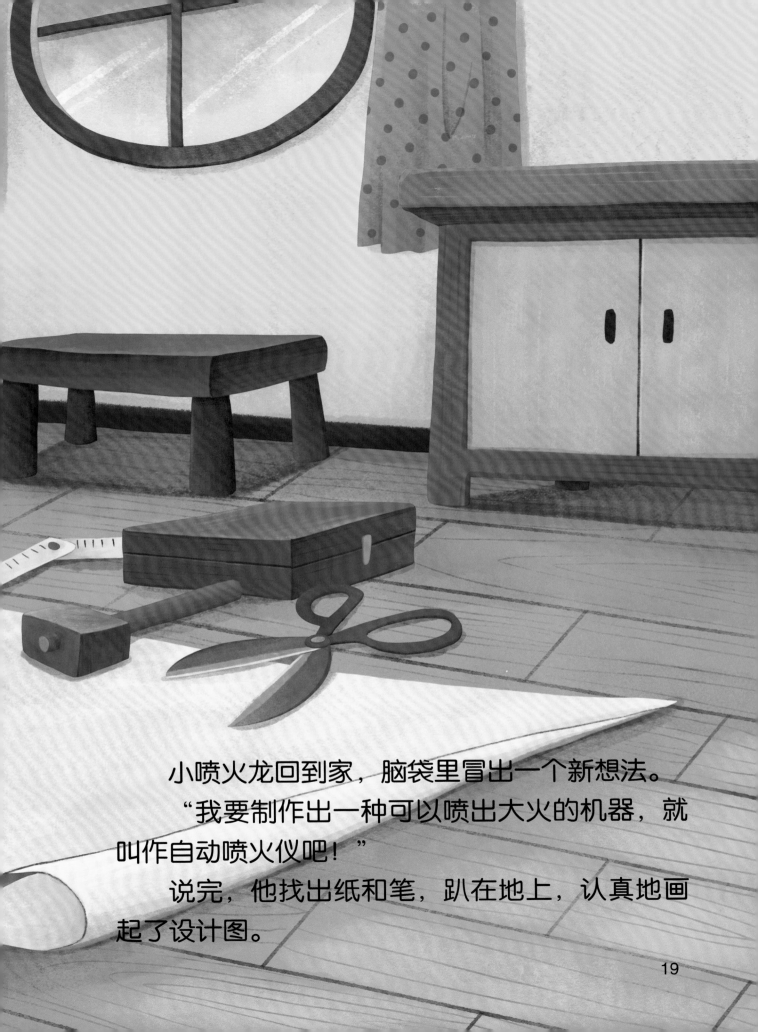

小喷火龙回到家，脑袋里冒出一个新想法。
　　"我要制作出一种可以喷出大火的机器，就叫作自动喷火仪吧！"
　　说完，他找出纸和笔，趴在地上，认真地画起了设计图。

19

发明大作战开始了！

小喷火龙请大伯按照设计图，把铁做成想要的形状。

很快，自动喷火仪做好了。

看，厚厚的铁皮中间可以放入燃料，空气也可以吹进去。

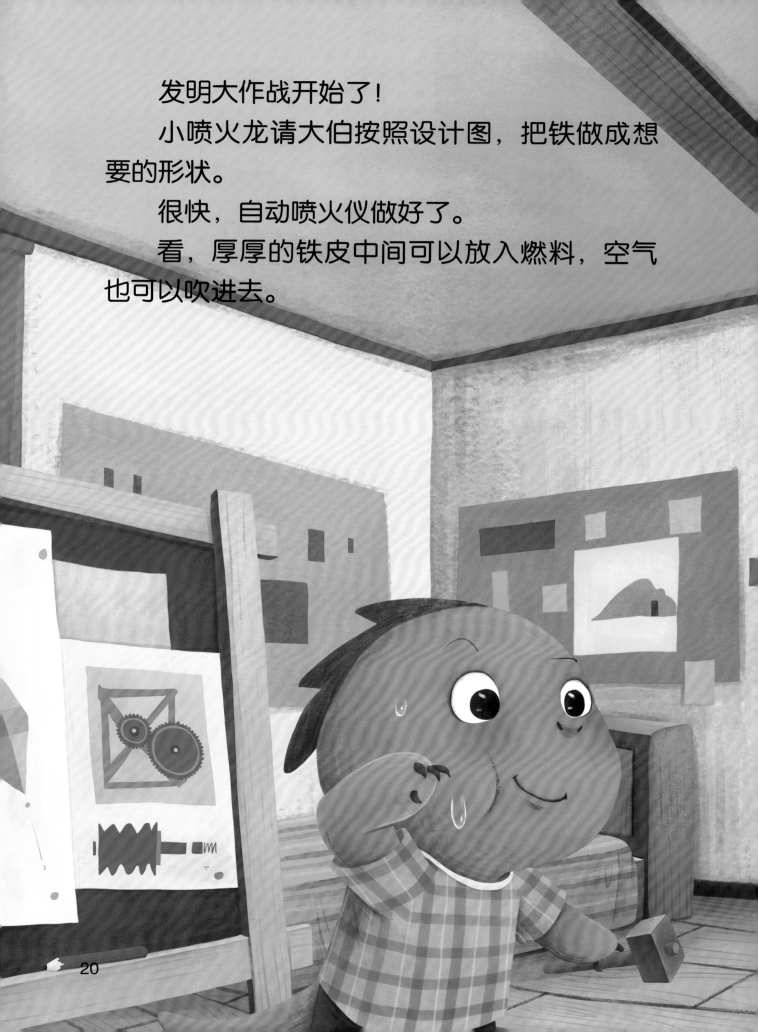

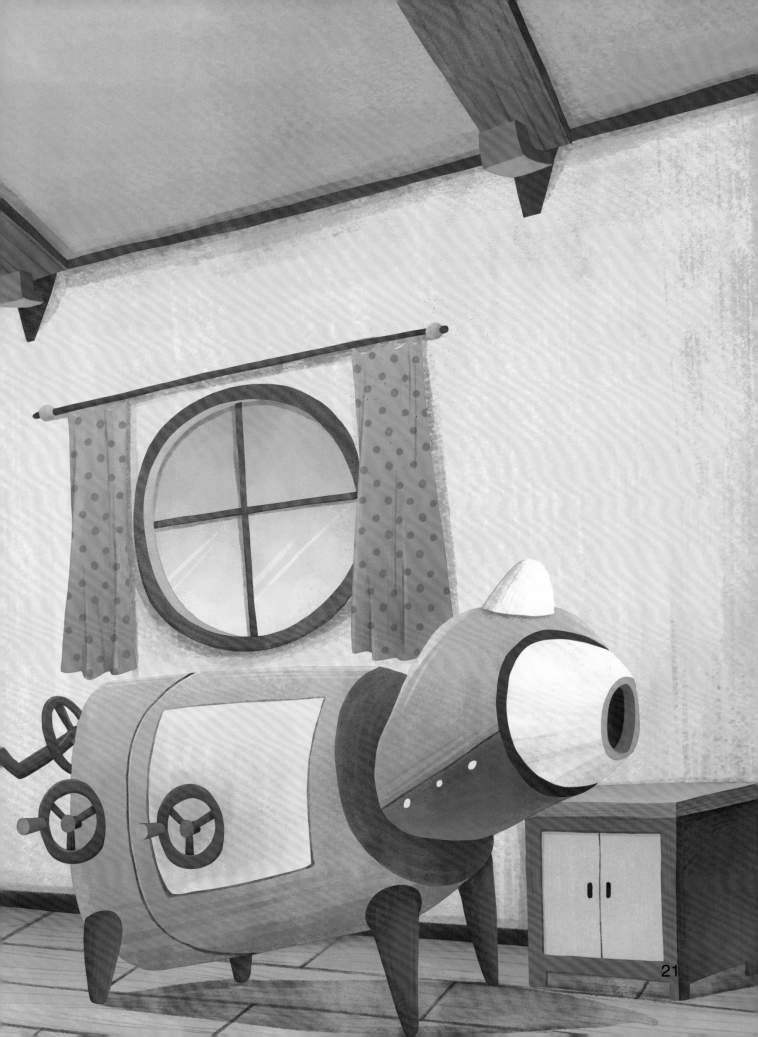

　　实验开始。

　　小喷火龙将柴火和枯叶放入自动喷火仪的"肚子"里。接着，他学着爸爸的样子，往燃料上喷火。然后，他用力地转动装置，让更多的空气进入仪器。

"噗呼！"
经过一番操作，自动喷火仪冒出一团熊熊烈火！
小喷火龙激动地欢呼起来："成功啦！"

这个仪器真的可以自动喷火！

听说小喷火龙发明了自动喷火仪，大家纷纷来参观。

小喷火龙展示着仪器的使用方法，露出了开心的笑容。

小喷火龙，你真厉害！

27

责任编辑　陈　一
文字编辑　徐　伟
责任校对　朱晓波
责任印制　汪立峰

项目设计　北视国

图书在版编目（ＣＩＰ）数据

　了解火 ：发明大作战 / 温会会文 ；曾平绘．-- 杭
州 ：浙江摄影出版社， 2022.8
　（科学探秘·培养儿童科学基础素养）
　ISBN 978-7-5514-4041-7

　Ⅰ．①了… Ⅱ．①温… ②曾… Ⅲ．①火—儿童读物
Ⅳ．① TQ038.1-49

　中国版本图书馆 CIP 数据核字（2022）第 126546 号

LIAOJIE HUO : FAMING DAZUOZHAN

了解火：发明大作战

（科学探秘·培养儿童科学基础素养）

温会会 / 文　曾平 / 绘

全国百佳图书出版单位
浙江摄影出版社出版发行
　　　地址：杭州市体育场路 347 号
　　　邮编：310006
　　　电话：0571-85151082
　　　网址：www.photo.zjcb.com
制版：北京北视国文化传媒有限公司
印刷：唐山富达印务有限公司
开本：889mm×1194mm　1/16
印张：2
2022 年 8 月第 1 版　　2022 年 8 月第 1 次印刷
ISBN 978-7-5514-4041-7
定价：39.80 元